Number Tracing and Practice

Tip:

You can get even more writing practice by creating reusable sheets!

1. Take this book apart.
   Rip off the cover to more easily tear out its pages.
2. Place individual sheets into sheet protectors.
3. Write on the sheets with dry-erase markers.
4. Wipe off the marker to reuse.

Copyright © 2019 Sharon Asher

All rights reserved.

No part of this book may be copied and/or altered and/or distributed and/or reproduced in any form or by any electronic or mechanical means, including but not limited to information storage and retrieval systems, without express permission in writing from the author.

ISBN-13: 978-1-951462-01-7

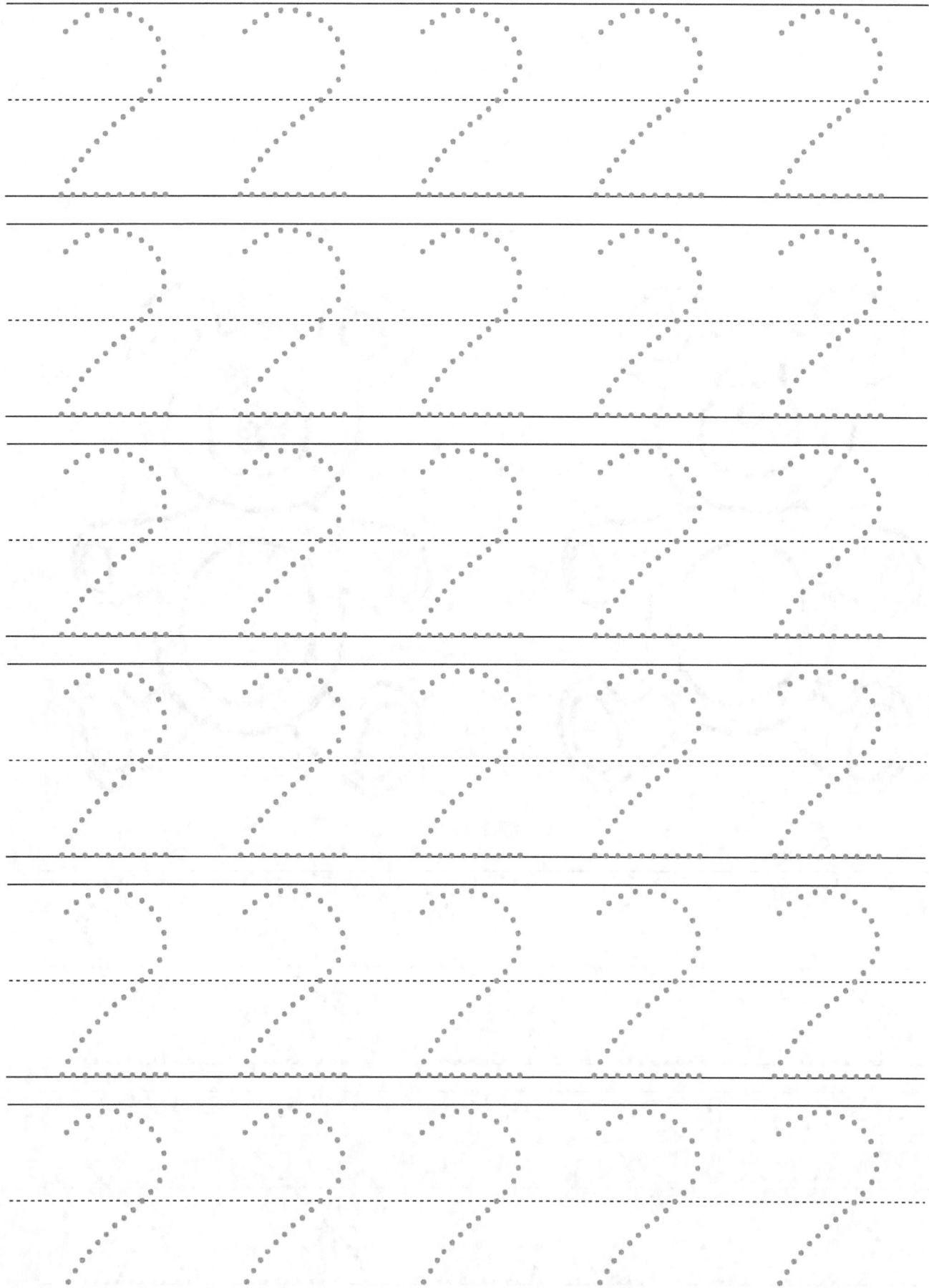

3

3 3 3 3 3

3 3 3 3 3

3 3 3 3 3

3 3 3 3 3

3 3 3 3 3

3 3 3 3 3

3 3 3 3 3

3 3 3 3 3

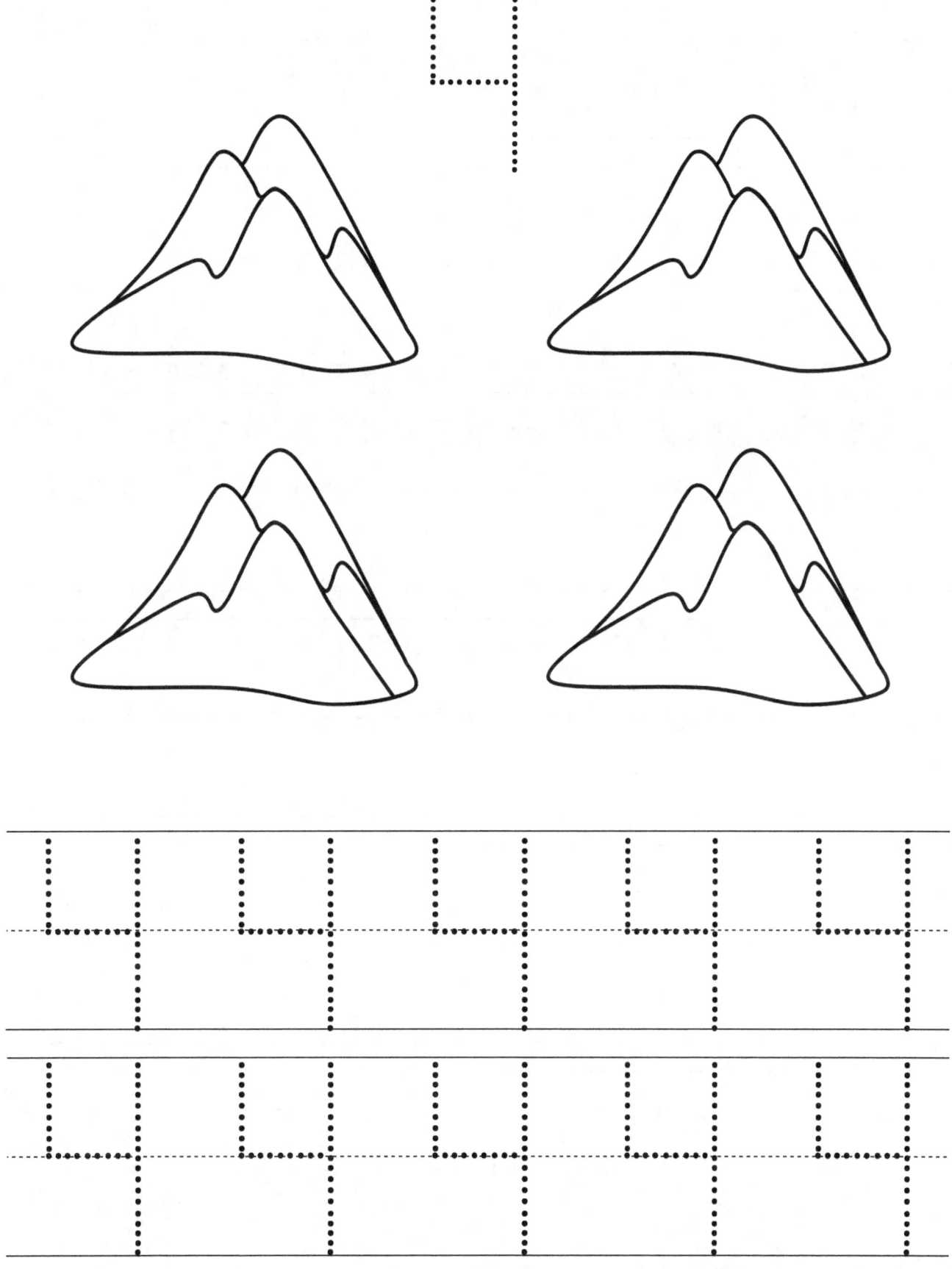

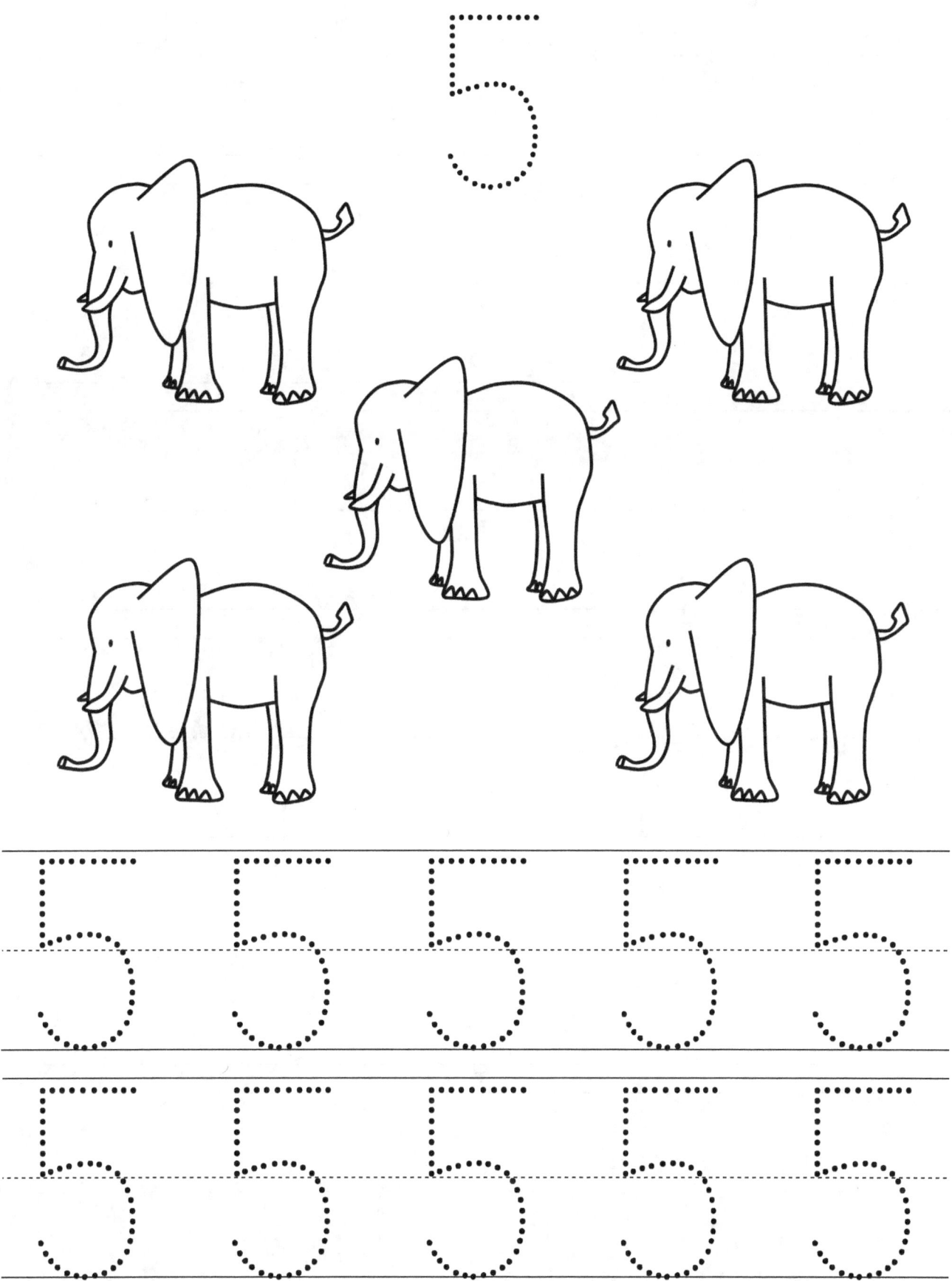

5 5 5 5 5

5 5 5 5 5

5 5 5 5 5

5 5 5 5 5

5 5 5 5 5

5 5 5 5 5

6

6 6 6 6 6

6 6 6 6 6

| 6 6 6 6 6 |
| 6 6 6 6 6 |
| 6 6 6 6 6 |
| 6 6 6 6 6 |
| 6 6 6 6 6 |
| 6 6 6 6 6 |

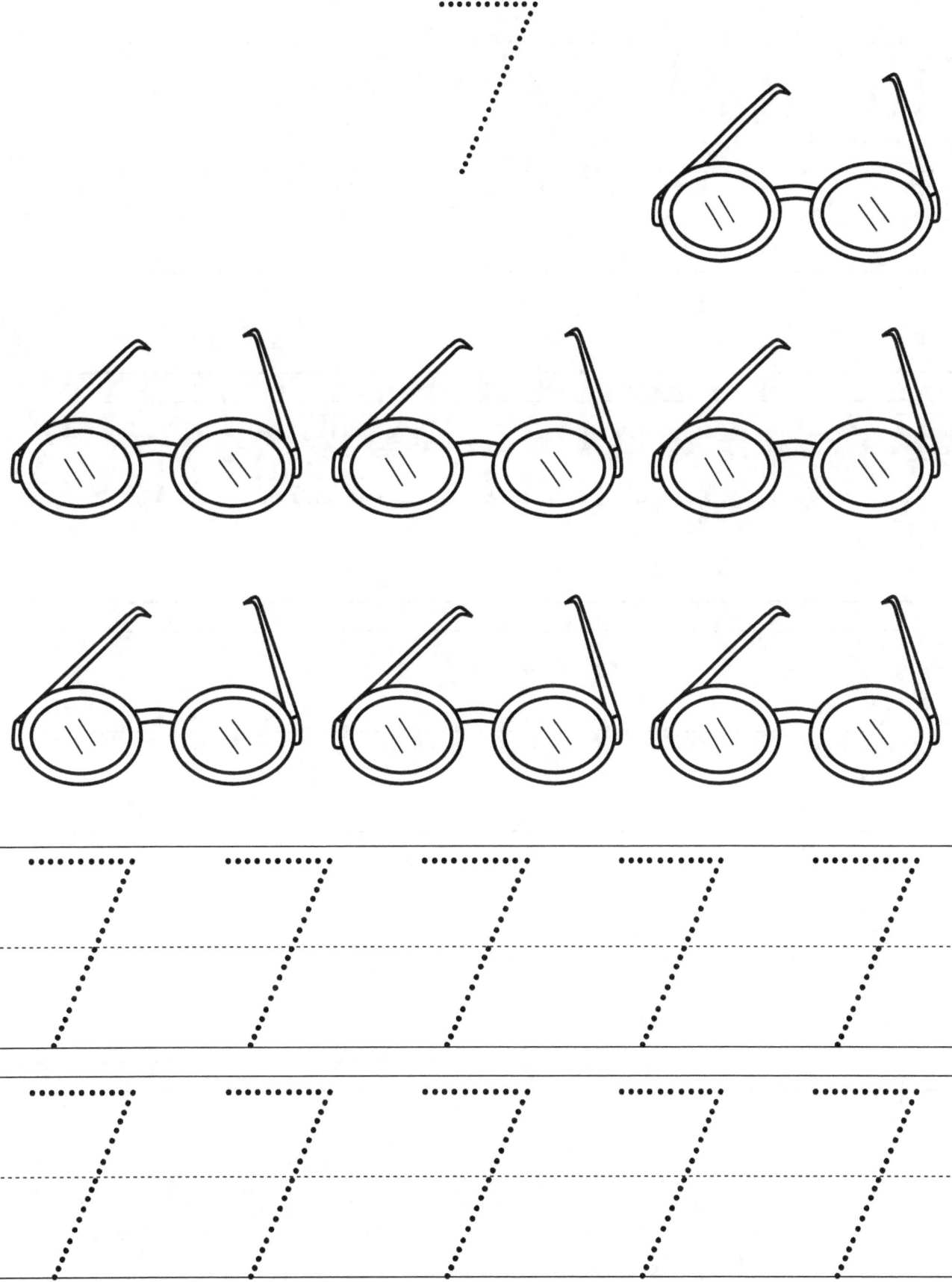

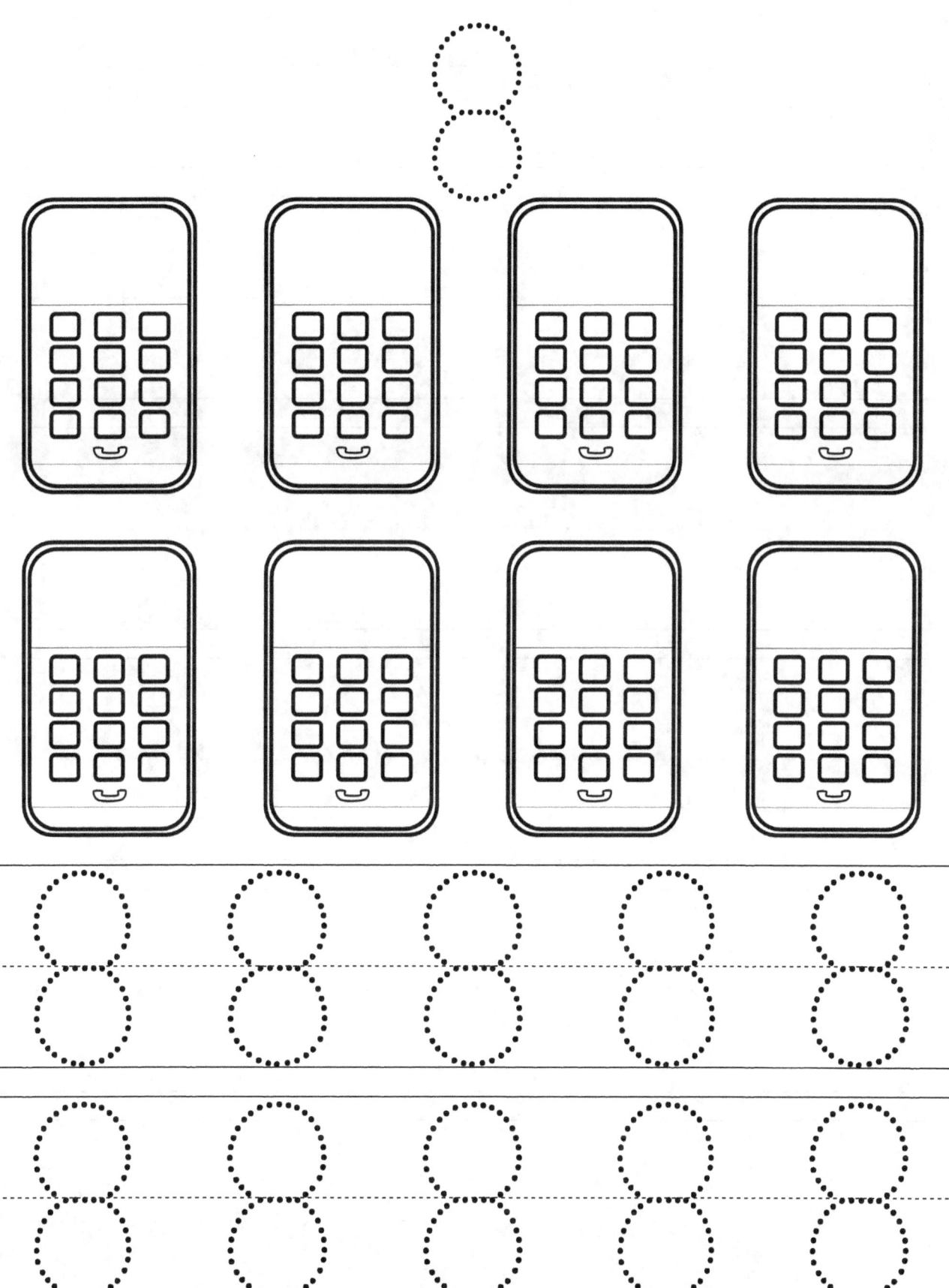

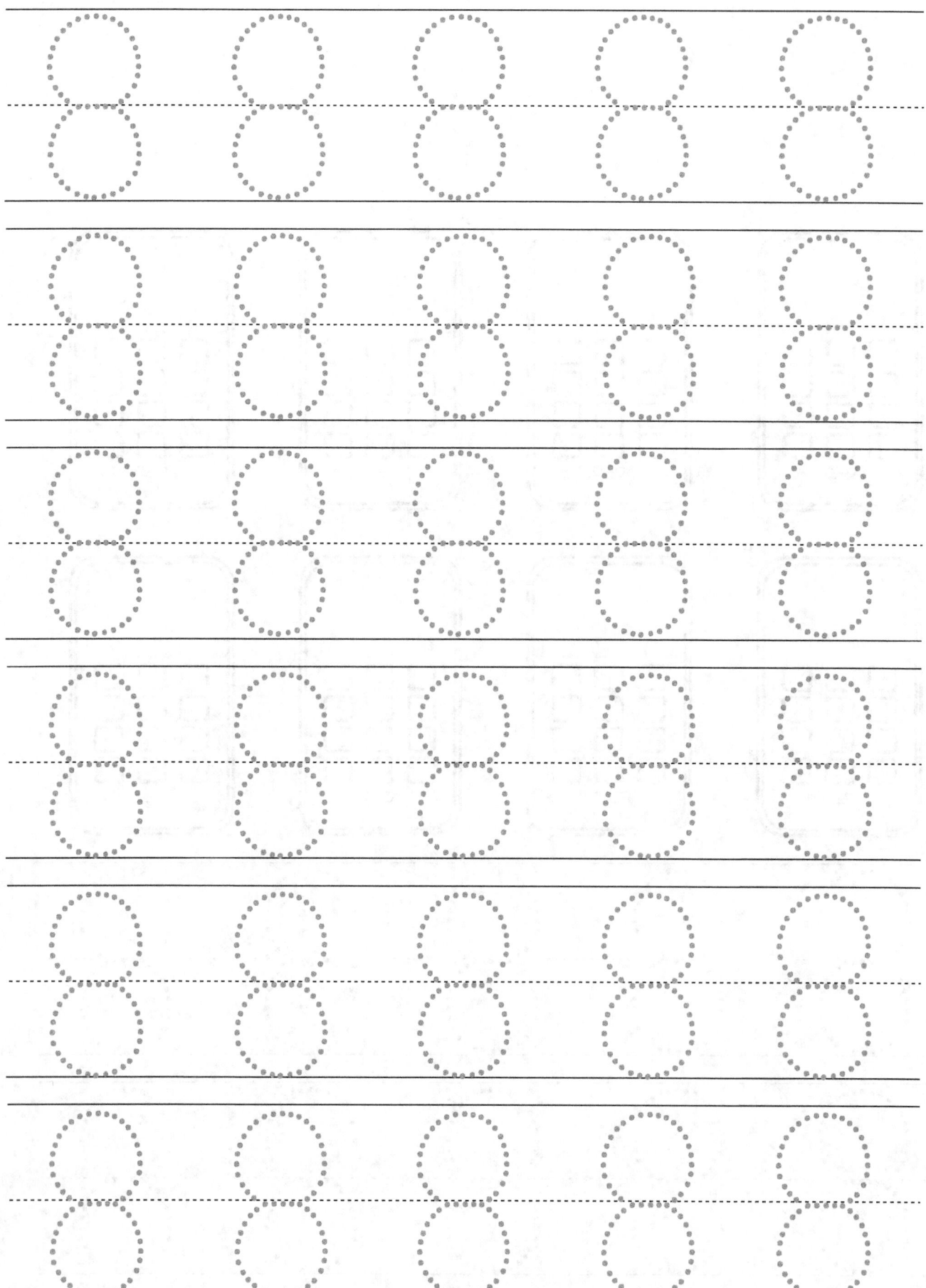

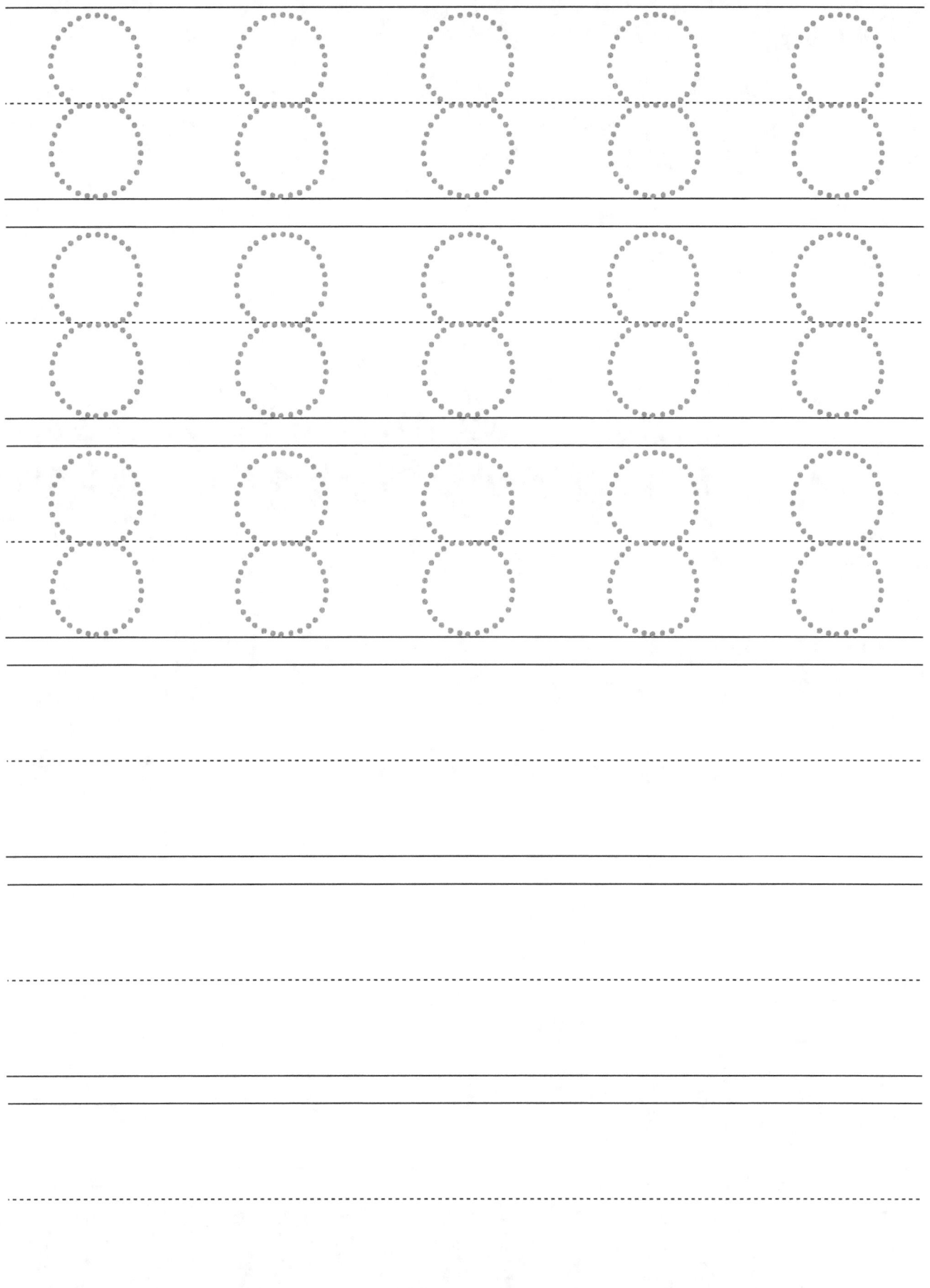

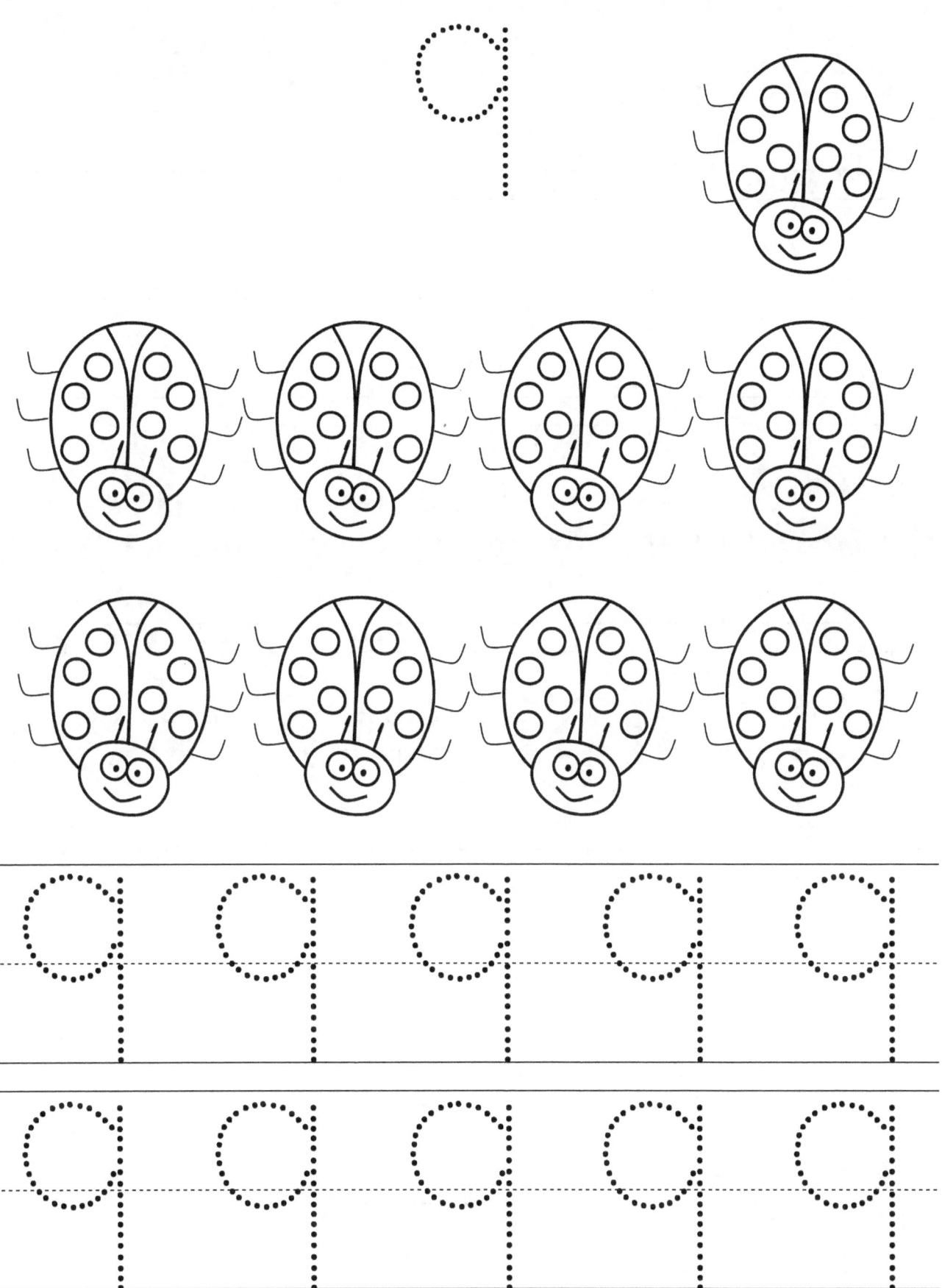

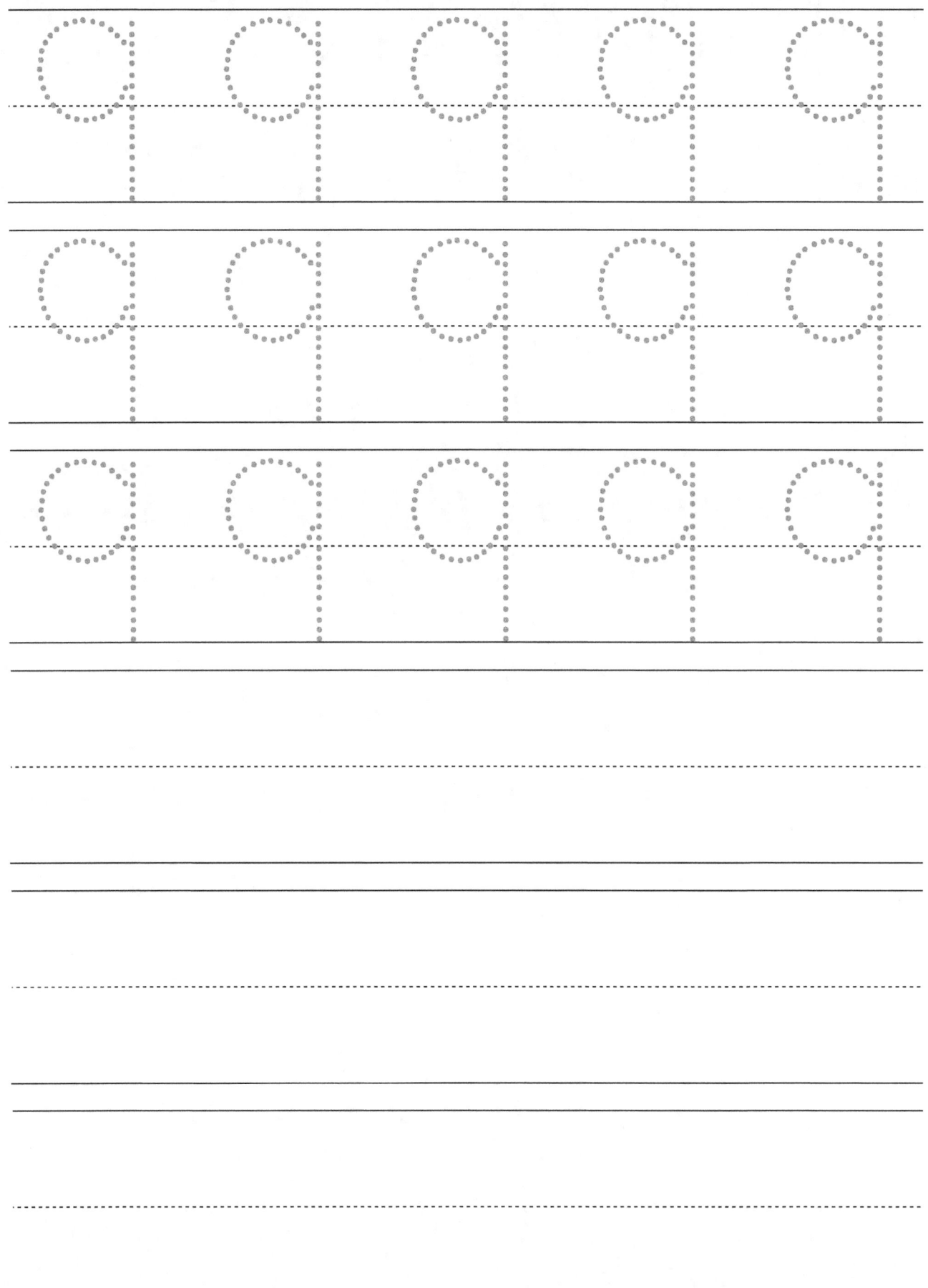

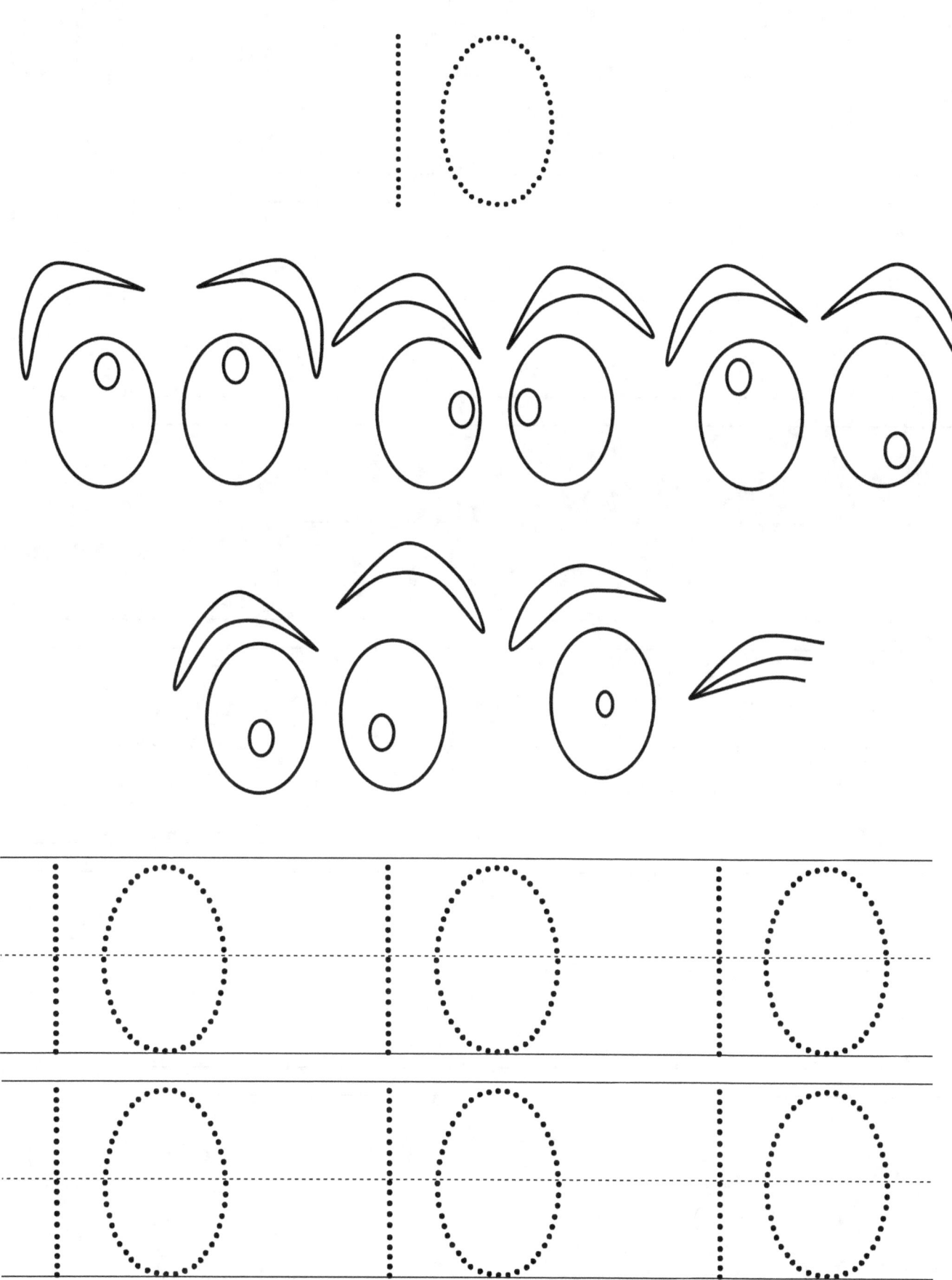

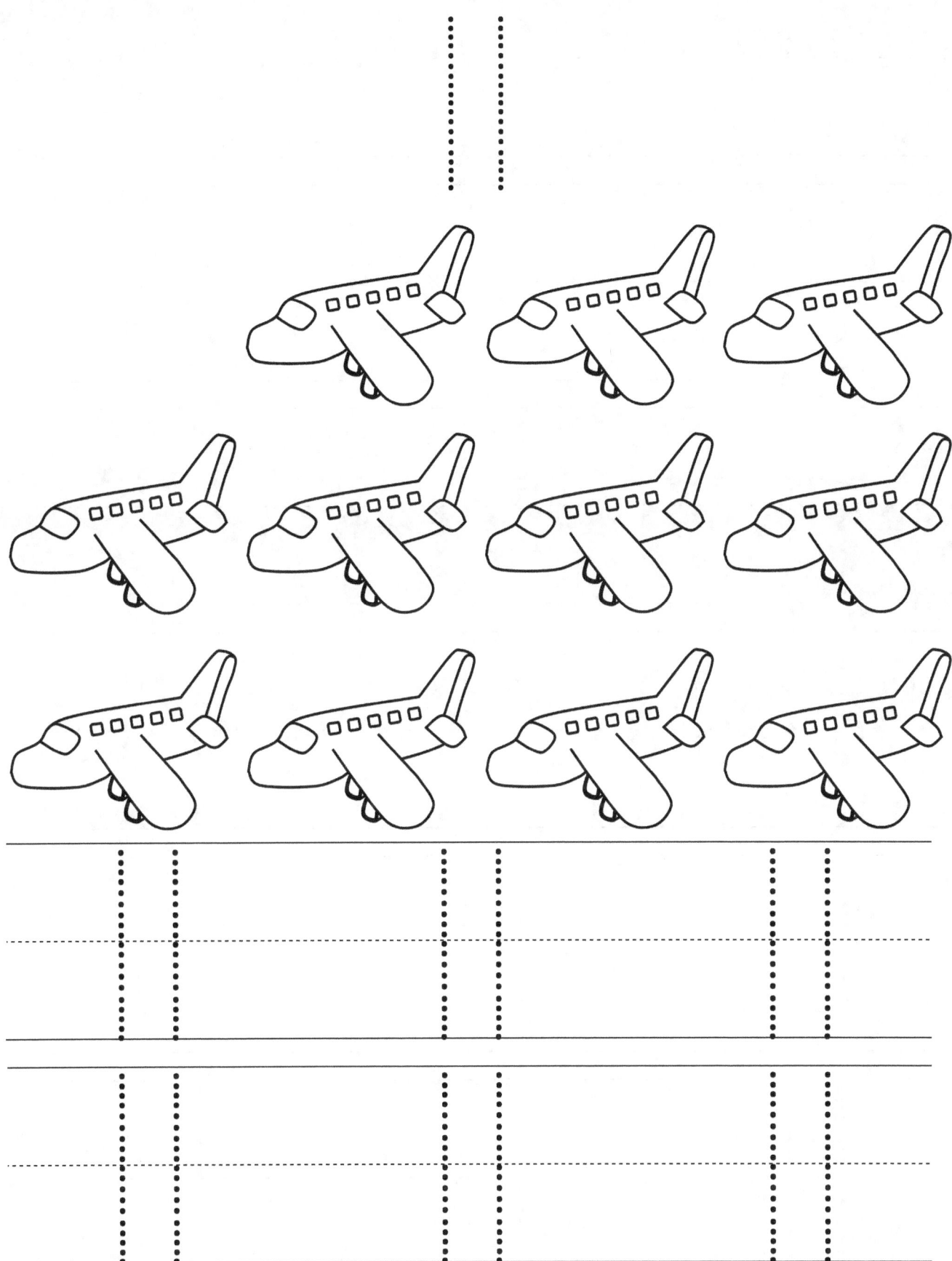

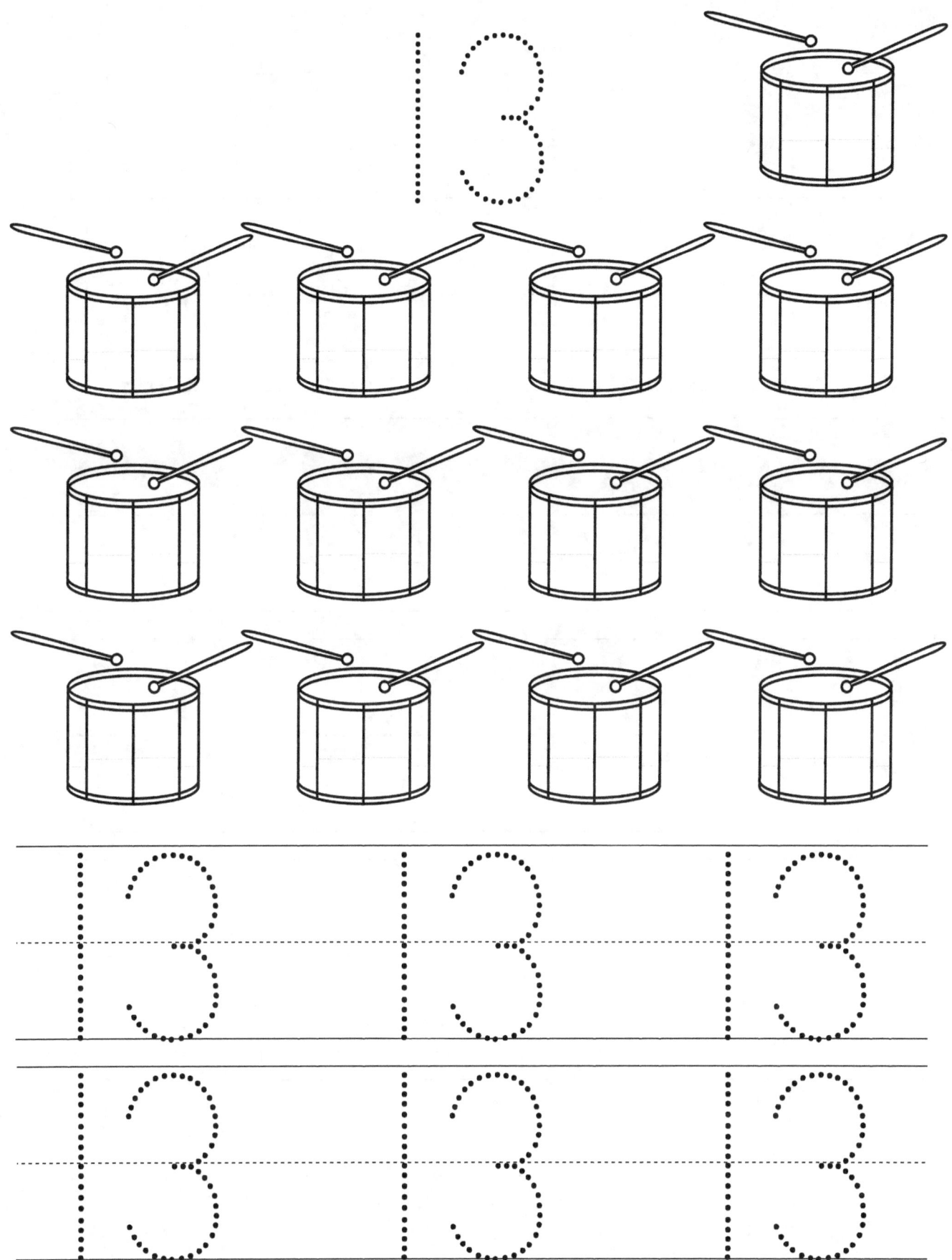

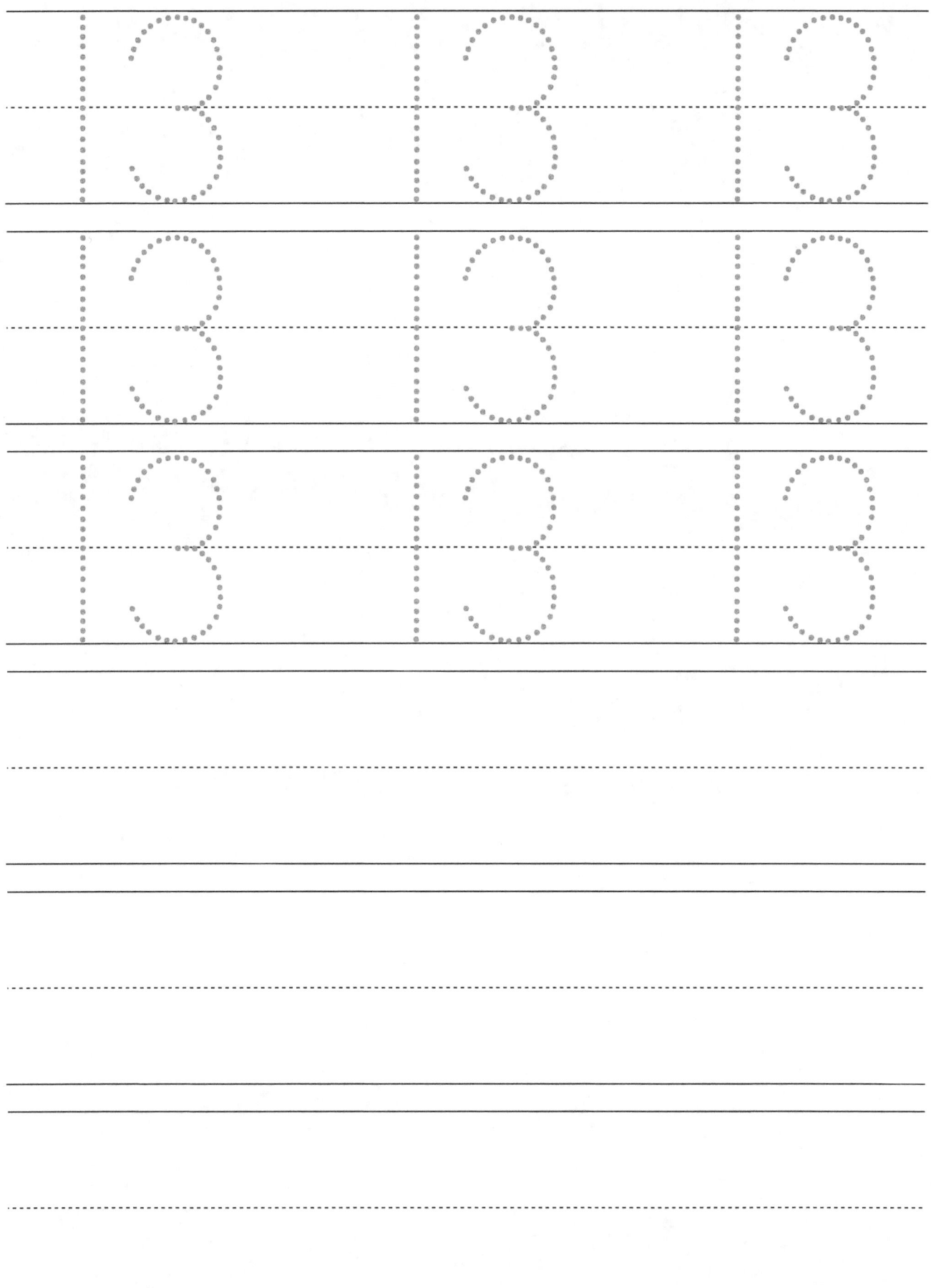

15

15 15 15
15 15 15

5 5 5

5 5 5

5 5 5

5 5 5

5 5 5

5 5 5

5 5 5

5 5 5

5 5 5

16

6 6 6
6 6 6
6 6 6
6 6 6
6 6 6
6 6 6

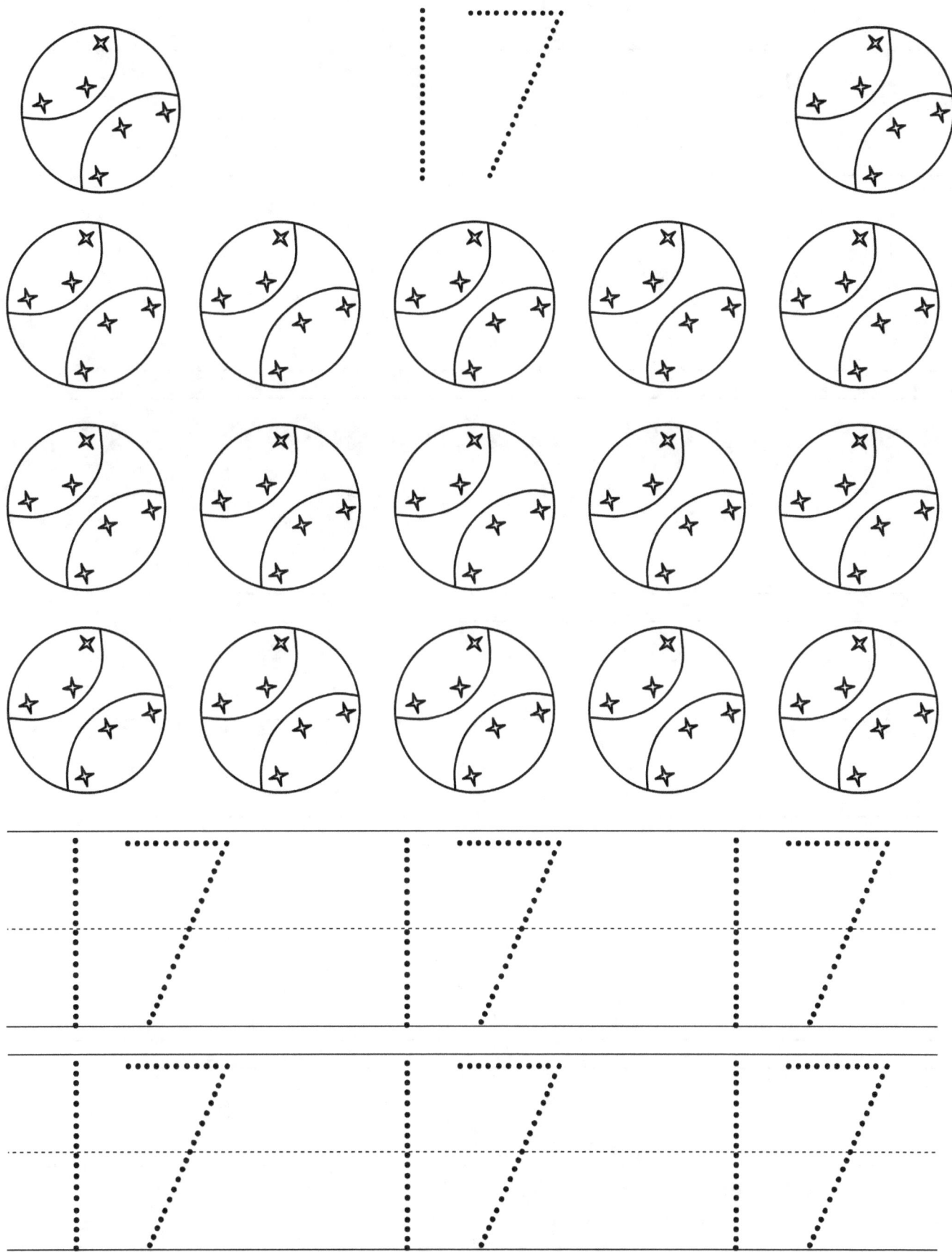

7 7 7
7 7 7
7 7 7
7 7 7
7 7 7
7 7 7

7 7 7

7 7 7

7 7 7

18

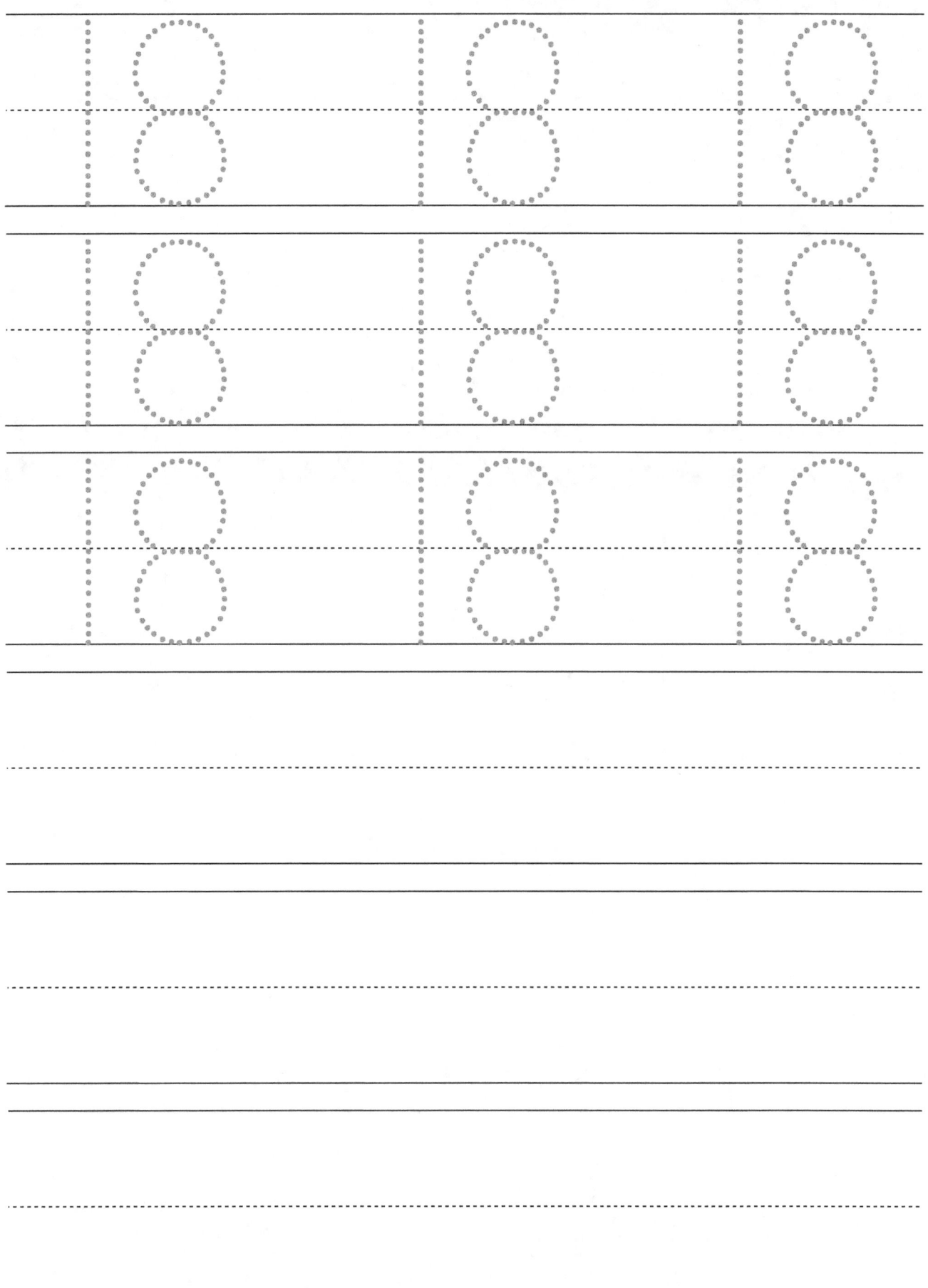

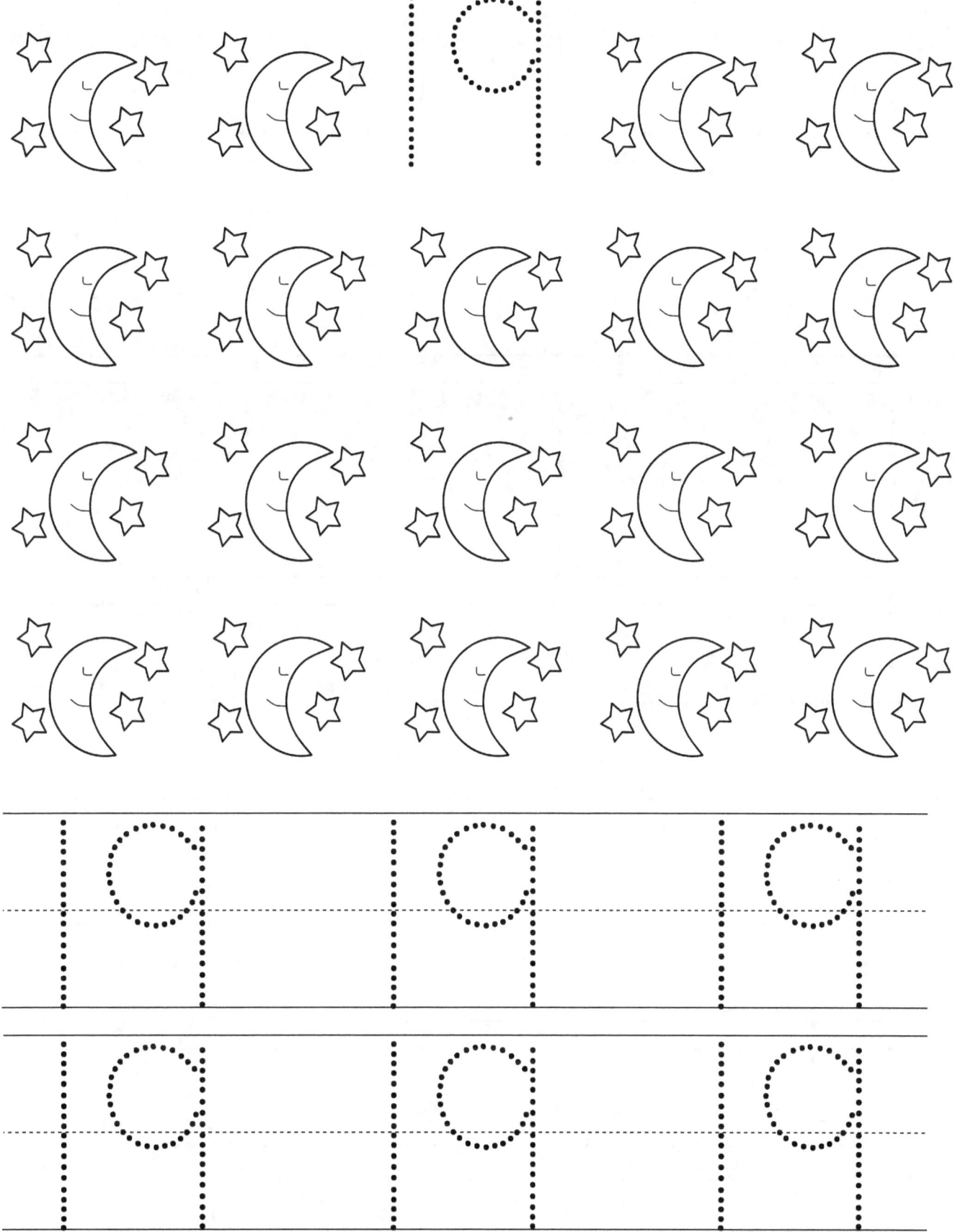

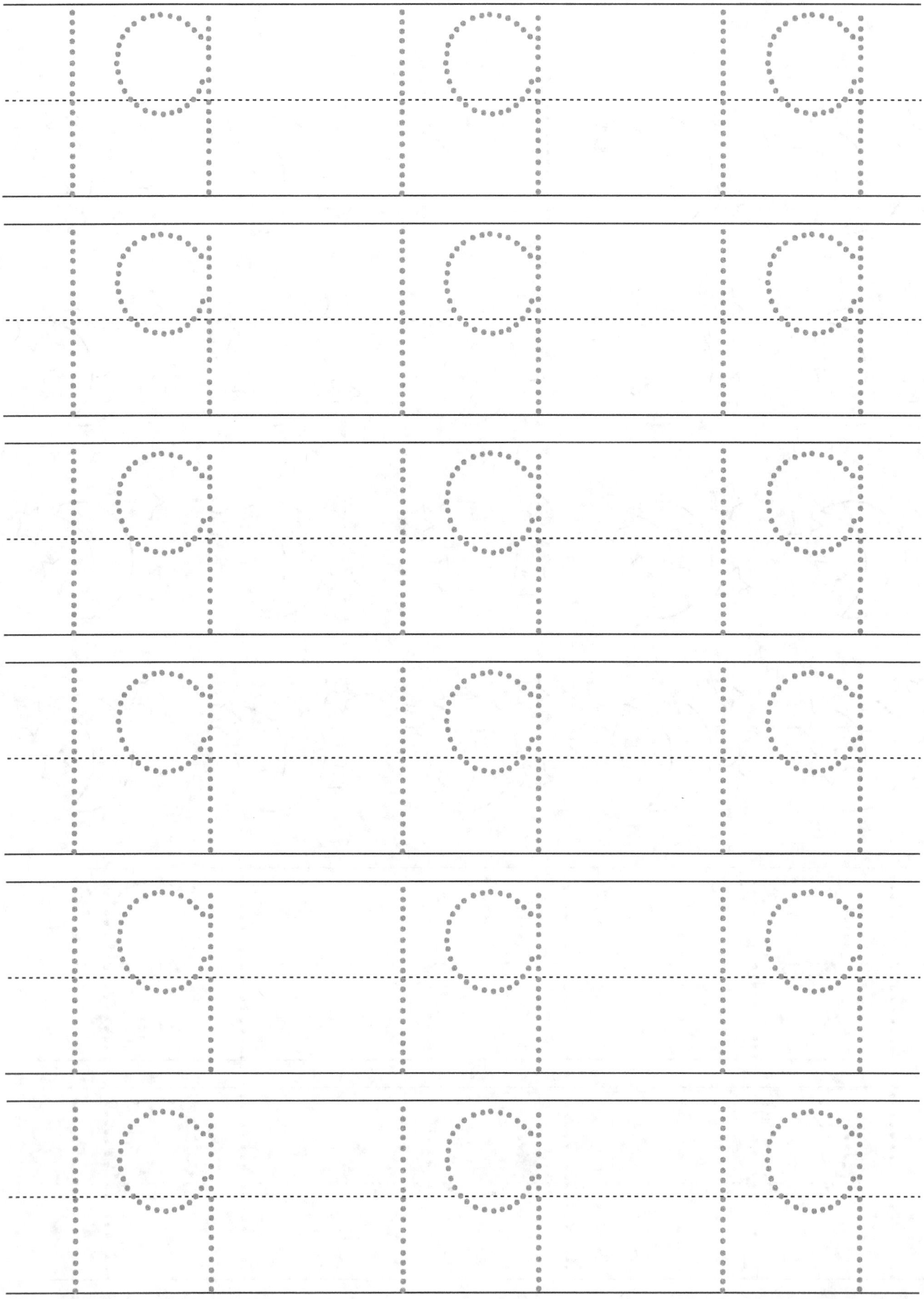

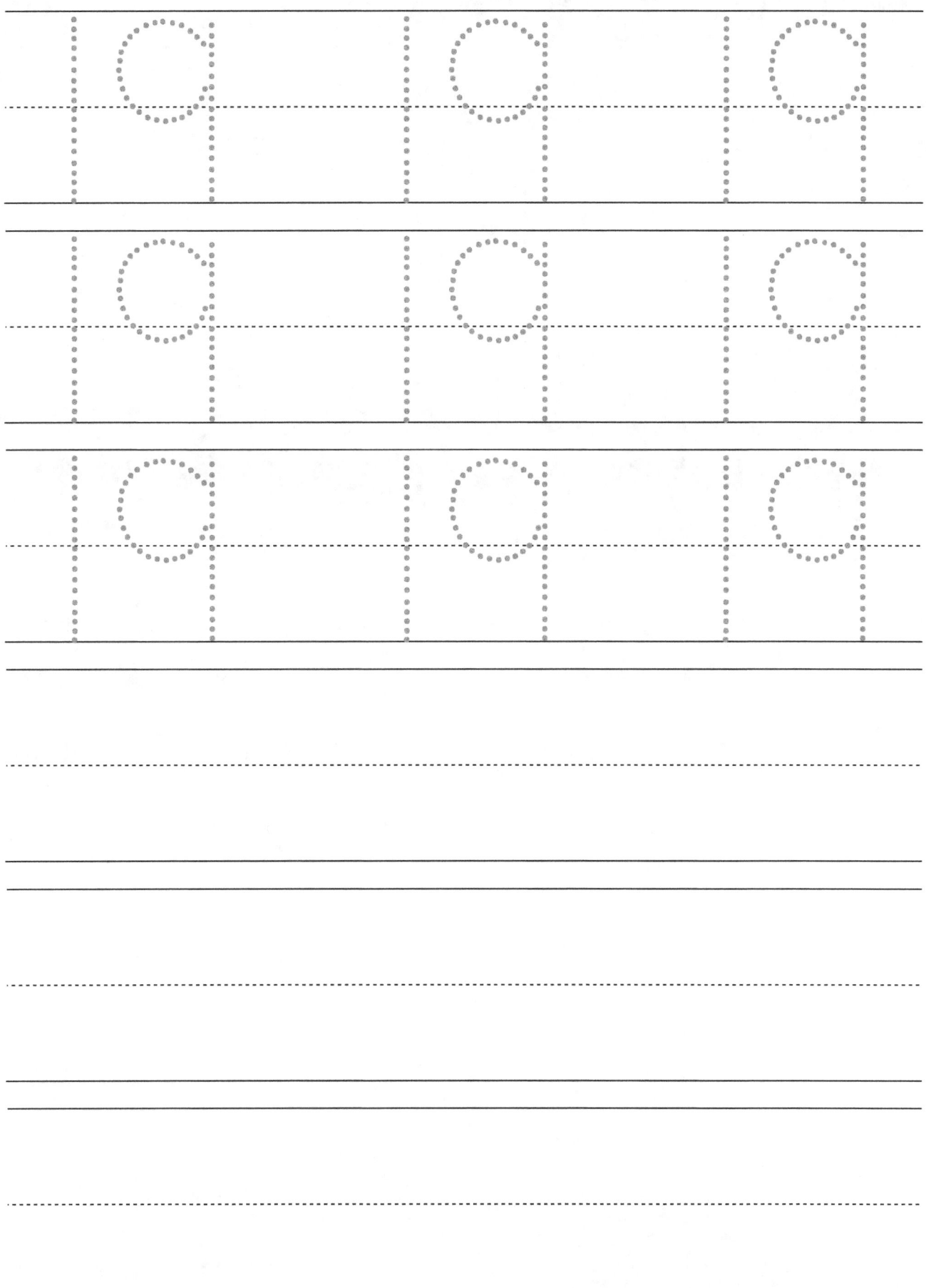

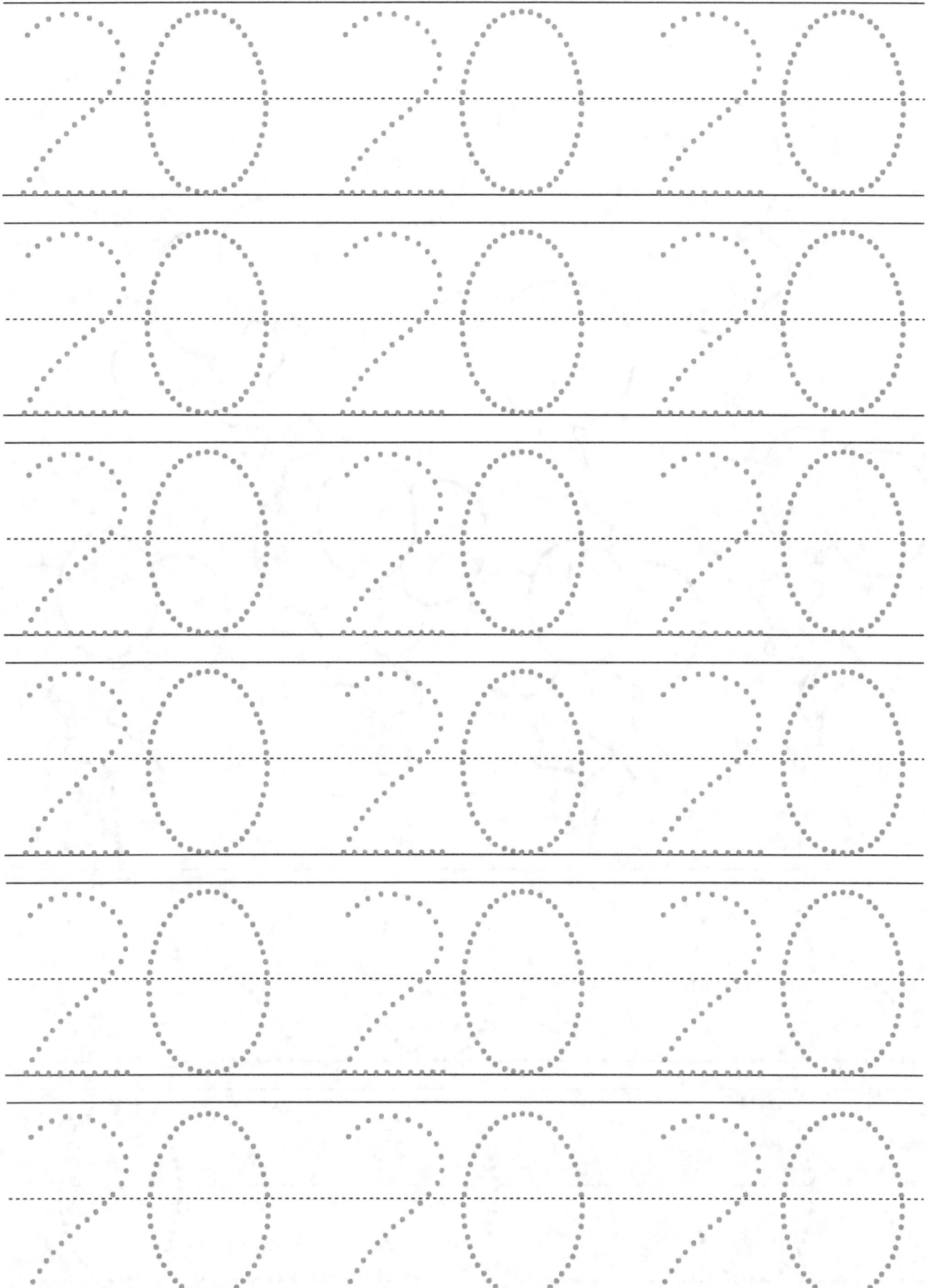

Also by Sharon Asher

www.ingramcontent.com/pod-product-compliance
Lightning Source LLC
Chambersburg PA
CBHW081729100526
44591CB00016B/2557